小学生第一套学习漫画百科②

原来如此

钢铁变形记

机器人

江苏科学技术出版社

全国百佳出版单位

我们是这么设计的

大家好！我们是你们的新朋友，我们每天都穿漂亮的衣裳，衣服上有好多大口袋，口袋里装着满满的知识和刺激、有趣的故事。带我们回家吧，让我们共同成长。

知识漫画 **知识与故事的神奇魔力**

小朋友们，还在为学习而苦恼吗？来吧，看看我们的口袋，有趣的故事已经携带着各种各样的知识飞进了你的大脑。很奇妙吧？哈哈，告诉你们吧，我们拥有很强大的神奇魔力呢！

知识口袋 **口袋里的神奇知识**

还记得我的口袋吗？我把更多、更详细的知识统统装进我的口袋，并让他们排列成整齐的队伍，让你们一目了然。长官，快来检阅你的队伍吧。

探秘科学家的一生

科学家漫画

告诉你们一个秘密，我认识好多好多科学家呢！快跟我来，我带你们去探秘那些著名的科学家们的一生。他们的故事妙趣横生，他们的生活与众不同，快来吧。嘘，不要告诉妈妈哦！这是我们的秘密。

知识大碰撞

科学罐头

打开你的思考和想象之门，我们一起去艺术、文学、历史的世界畅游吧！准备好了吗？我们起飞了。快看，科学知识和人文、历史知识融合在一起了。哈哈！原来知识的大碰撞才是最精彩的。

让我了解你，好吗

挑战科学王

我的自述就要结束了，在打开我的神奇口袋之前，回答我的问题，让我更加了解你，好吗？亲爱的小朋友，看完了我的口袋，也不要急着离开哦，再次回答我的问题，我会为你打开通往科学殿堂的大门哦。

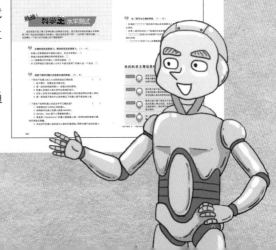

目录

介绍本书的主人公

欢迎大家来到罗炫耀博士的机器人研究所。让我们一起去机器人的世界旅行吧!

向着梦幻的机器人世界出发!

我一定要比机器人跑得更快。

我的机器人朋友。

优秀与朋友美罗一起跟转学学生奎民的时候，知道了奎民是机器人这一具有冲击性的事实。而且还遇到了跟他一起来自未来的机器人科学家罗炫耀博士，就这样他们与机器人家族一起在机器人世界进行了梦幻般的旅行……

罗炫耀博士
来自于未来的机器人科学家。会偶尔炫耀自己所知道的关于机器人的知识。

奇奇
会飞的花盆机器人。非常调皮，喜欢唠叨。

机器人 No.6（江奎民）
罗炫耀博士开发出来的试验用机器人。隐藏了自己的真实身份，在一所小学上学，帮助罗炫耀博士进行研究。

风凤
狸猫机器人。好奇心旺盛，喜欢做一些让人出乎意料的事。

郑美罗
总是很骄傲，但是非常聪明伶俐。对优秀的关心视若无睹。非常喜欢转学来的奎民。

金优秀
是一个非常喜欢机器人的少年。想象力非常丰富，性格活泼开朗。想要开发机器人来讨同班同学美罗的欢心。

7

 机器人是靠自动能力和控制能力来实现各种功能的一种机器。

可以说机器人是人类制造出的机器装置，能够协助或取代人类进行某些工作。

9

机器人是随着计算机技术以及计算机工程学的发展而被开发出来的。

 现在在很多领域中，人们把不同种类的、大大小小的、模样各不相同的机器人用做重要的工具。

啪

啊！变身了！

实际上我是机器人 No.6（6号）。

嗡 嗡

我来自未来。

未……未来！

是的，我们来自未来。我是罗炫耀博士，就是制造出这些机器孩子的机器人专家。

我是有品格的奇奇。

它是风风。

机器人？

但是为什么是来自未来呢？

在机器人科技非常发达的未来，人们非常依赖机器人，人性在渐渐消失。

我们为了研究过去的人类，并且帮助未来的人类而来到这里。

一边上学一边研究孩子们就是我负责的任务。

 列奥纳多·达·芬奇留下的手稿中就有能靠风能和水力驱动的机器人的草图。

1927年，应用机械电气技术制作出来的电话亭（telephone booth）是可以接电话的。

神话中出现过机器人

机器人的历史有多久了呢?

大概……20年左右?

不是吧,应该有30年了吧?

机器人的历史其实非常悠久,早在希腊神话中就出现过机器人了。

希腊神话?

不会吧……

啊!这是什么?

V-7

这是假想体验机器人,是不是很酷啊?

我会更加详细地给你们进行说明的,快点儿进来吧。

这也是我开发出来的~

哇~

荷马:古希腊诗人,相传著名史诗《伊利亚特》、《奥德赛》为他所作。

机器人的历史像人类的历史一样悠久。在希腊神话中也可以找到机器人的存在。

荷马（公元前 9 至公元前 8 世纪）

在荷马编写的叙事诗《伊利亚特》中有这样一个故事：身为火神与铁匠之神的赫菲斯托斯制作出了一个黄金机器人，让它作为助手与自己一起工作。

据说这个黄金机器人有着人间的少年一样的相貌。

有什么需要帮助的吗？

赫菲斯托斯：希腊神话中出现的火神与铁匠之神，是奥林匹斯十二主神之一。

15

在希腊神话中还出现了巨人塔罗斯。塔罗斯有着人类的面貌，但是身体却是青铜制造而成的。据说塔罗斯负责守卫克里特岛的工作。可以说塔罗斯是人类历史上由传说中的神制造出来的最早的机器人。

塔罗斯每天会围绕着克里特岛巡查三圈。

哇，好大啊！

好酷啊！

如果敌人靠近克里特岛的话，塔罗斯就会扔出巨大的石块把敌船砸碎，或者是把自己的身体烧热，然后抱着敌人把他们烧死。

嗝！

有着如此强大的力量的塔罗斯却有着一个弱点。

塔罗斯：希腊神话中出现的机械巨人。塔罗斯的身世有三种版本，其中一个观点认为它是克里特岛的王米诺斯从众神那里获得的礼物。

16

那个弱点就是他的脚后跟。魔女施展魔法让塔罗斯一动都不能动，然后把他的脚后跟的钉子拔出来，让塔罗斯摔倒了。

呃啊，你怎么知道我的弱点的？

神话中竟然出现了机器人，真的太神奇了。

神话中出现的机器人让人不禁会想能不能让非生物体有生命呢？

把我的螺丝还给我！

 希腊神话中被称为"基克洛普斯"的独眼巨人，塔木德时代的泥人格伦也与机器人有些相似的地方。

历史中的自动机器

但是神话中出现的机器人并不是实际存在的啊。

可以说，所有的发明都是从想象开始的。

人们一直都想制作出能够自己移动的机器。

在机器人这个概念出现之前的几个世纪里，人们制造出了机械面具、自动装置、自动玩具等。这些机器是借助发条、齿轮、杠杆等进行移动的。

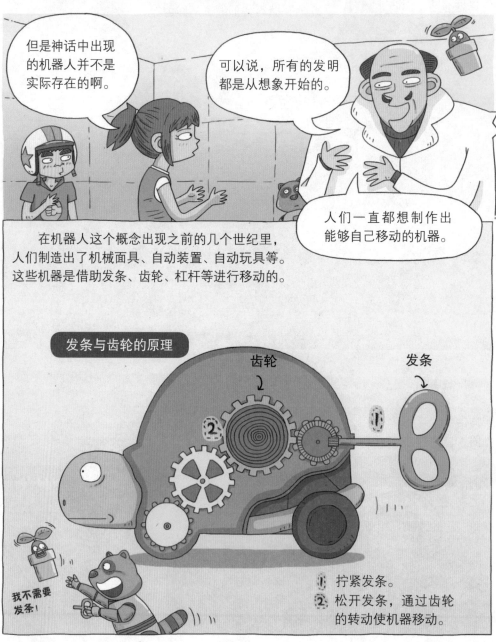

发条与齿轮的原理

齿轮

发条

我不需要发条！

1. 拧紧发条。
2. 松开发条，通过齿轮的转动使机器移动。

 西周时期，中国的能工巧匠偃师就研制出了能歌善舞的伶人，这是中国最早记载的机器人。

18

可以被称为最早的自动机器的就是古埃及时期的神——阿努比斯的面具。

在这个面具中有能够移动的下巴以及嘴，里面有能够传达话语的管道。阿努比斯神通过面具出现在人们面前，通过真实的神职人员的声音来说话。

古希腊的希罗制造出了借助蒸汽而移动的门。

① 在祭坛中点火。

② 水槽中的空气膨胀，对水产生推力。

③ 水桶中的水变多，水桶渐渐下沉。

④ 随着柱子的转动门就被打开了。

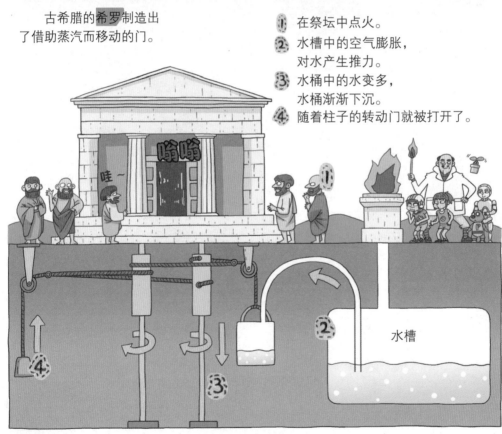

希罗：古希腊的数学家、技师，公元62年前后在亚历山大城非常活跃。

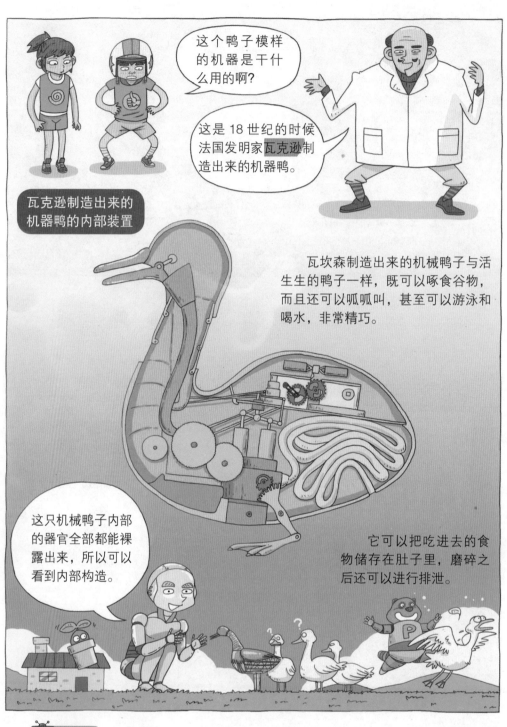

这个鸭子模样的机器是干什么用的啊?

这是18世纪的时候法国发明家瓦克逊制造出来的机器鸭。

瓦克逊制造出来的机器鸭的内部装置

瓦坎森制造出来的机械鸭子与活生生的鸭子一样,既可以啄食谷物,而且还可以呱呱叫,甚至可以游泳和喝水,非常精巧。

这只机械鸭子内部的器官全部都能裸露出来,所以可以看到内部构造。

它可以把吃进去的食物储存在肚子里,磨碎之后还可以进行排泄。

瓦克逊:法国的技师(1709~1782),制造出了会自己吹笛子的机械以及机器鸭等。

 蒋英实（1383~1450，朝鲜王朝时期人）制造出的水表自击漏，为人类文明作出了杰出贡献。

机器人的革命开始了

19世纪的自动机器主要会做一些与人相似的行为。

好像比我还要擅长织东西啊。

真像那么回事儿啊。

人们非常高兴地欣赏展出的人形机器。

你会演奏乐曲吗?

当然了！民谣、嘻哈、舞曲、古典音乐，没有我不会的！

没想到一个杂草机器人会的还不少啊。

杂草机器人？

抓紧

啊！

鬼脸

你给我站住！

这些人形机器渐渐地以机器人的概念进入到人们的生活中。

 1877年，爱迪生发明了会说话的机器——留声机，人们称之为"19世纪的奇迹"。

玩具机器人是在 1930 年的时候首次出现。最开始的时候是铁制玩具机器人，也可以看做是真正的机器人的缩小版。

Lilliput 是最早的玩具机器人。其高度大约为 15cm，可以借助发条向前移动，或者是停止不动。

Lilliput

1930 年制造出来的全球首个玩具机器人。

NP. 5357.

从那之后，出现了多种多样的玩具机器人，在 1940~1950 年的时候非常受欢迎。

Robot Toy Sale
（销售玩具机器人）

发射激光束！啾啾……

你到底几岁了啊？

Lilliput之后，人们又制造出了原子机器人、微笑机器人等多种多样的铁制机器人。

1939 年的纽约世界博览会上展出了既会背诵演说，又会抽烟的机器人 Electro。机器人 Electro 具有几项非常简单的功能。

机器人Electro可以做的事情

可以移动胳膊与头部。

可以区分出绿色与红色。

可以根据命令向前行走。

可以击破气球。

 Electro由西屋电气公司制造，是一个家用机器人。它由电缆控制，完成一些简单的事情。

1939 年的纽约世界博览会，与机器人
Electro 一起还展出了机器狗 Sparks。

这只机器狗不仅可
以叫，可以乞求，
而且还可以摇尾巴。

现在"机器人"已经成
为了日常用语，机器人不再
是想象，而是变成了现实。

1946年发明了世界上最早的数字电子计算机埃尼阿克。
这对于机器人的发展起到了非常大的影响。

整间屋子都
是计算机啊。

现在的一些
计算机可以
放入口袋中。

埃尼阿克成为了机器人发展
的基础。因为计算机是制造
机器人的重要基础之一。

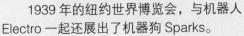 埃尼阿克：1946年的时候在美国的宾夕法尼亚大学诞生的计算机，它奠定了电子计算
机的基础，是科学史上一次划时代的创新。

25

日新月异的机器人

对机器人的发展产生影响的还有人工智能。

人工智能?

人工智能是计算机科学的一个分支,企图了解智能的实质,并产生一种新的能以人类智慧相似的方式做出反应的智能机器。

前进

可以越过

发现障碍物

不可越过

改变方向

嗖 嗖

哎呀!

吓死我了!

那么,接下来就让我们了解一下机器人是怎样发展的吧?

人工智能:研究使计算机来模拟人的某些思维过程和智能行为(如学习、推理、思考、归纳等)的学科。

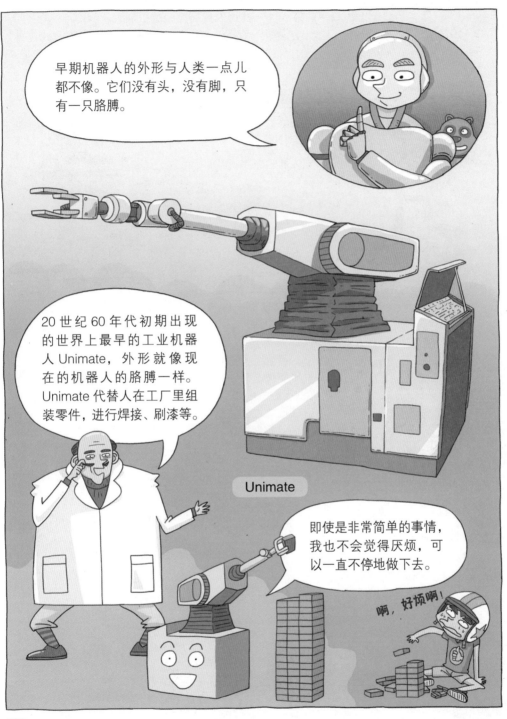

早期机器人的外形与人类一点儿都不像。它们没有头，没有脚，只有一只胳膊。

20世纪60年代初期出现的世界上最早的工业机器人Unimate，外形就像现在的机器人的胳膊一样。Unimate代替人在工厂里组装零件，进行焊接、刷漆等。

Unimate

即使是非常简单的事情，我也不会觉得厌烦，可以一直不停地做下去。

啊，好烦啊！

Unimate是美国尤尼曼公司1960年研制出的工业机器人，曾经在通用汽车公司的一条汽车装配生产线中工作。

27

1969 年，日本制造出最早的像人类一样用两只脚走路的机器人。

1998 年，丹麦乐高公司推出机器人（Mind-storms）套件，使机器人开始走入个人世界。

Topo（1983年）

1980 年左右设计。
1983 年开始销售。
这是一台有着非常可爱的外貌的个人机器人。

Wabot 2（1984年）

是日本发明的机器人，可以阅读乐谱，懂得演奏风琴以及钢琴。

今天的机器人不仅可以熟练使用高速数字系统与网络，而且还可以灵活使用无线通信装置。

宠物机器人

Etro

是可以识别和理解外界语言，通过简单的语言和面部表情来回应人的机器人。

清扫机器人

 清扫机器人虽然外表与人类并不相似，但是可以自动改变方向为人们清理地面。

随着科技以及计算机的发展，机器人也越来越快地发展起来。根据机器人的发展方向可以把机器人分为三代。

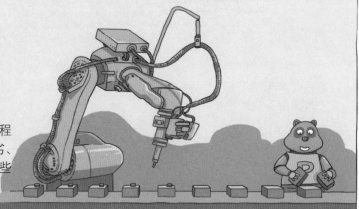

第1代机器人

按照人们预先编好的程序，代替人在极其恶劣、危险的环境中完成一些简单而笨重的工作。

第2代机器人

具有视觉、听觉、触觉等感觉功能，还有手、脚，可以胜任一些复杂精细的工作。

跟我下象棋的人去哪里了呢？

第3代机器人

它是利用各种传感器、测量器等来获取环境信息，然后利用智能技术进行识别、理解、推理，最后做出规划决策，能自主行动实现预定目标的高级机器人。

 虽然计算机为人工智能提供了必要的技术基础，但直到20世纪50年代早期，人们才注意到人工智能与机器之间的联系。

一目了然的 机器人历史

在机器人这种说法产生之前,人类一直想制作出跟自己相似的存在物。下面就让我们来了解一下机器人的历史,看一看人们长久以来所梦想的机器人是怎样发展至今的吧!

神话中的机器人
在很久以前的古希腊神话中曾经出现过机器人。

神秘的自动装置
公元1世纪古埃及的发明家创造了一些自动装置来满足当时宗教活动的需要。

会移动的自动娃娃
17~19世纪,人们制作出了很多利用自动装置移动的娃娃。

可以穿着的机器人的开发
2010年,日本成功研发了一种可以穿在身上,通过大脑意识控制下肢运动的人工控制职能机器人。

古代机器人
鲁班是春秋后期我国著名的木匠,据《墨经》记载,他曾制造过一只木鸟,能在空中飞行。鲁班木鸟被机器人专家称为古代机器人。

Hubo机器人的开发
2004年韩国开发出了该国首部会直立行走的机器人Hubo。

"机器人"的说法
1920 年捷克斯洛伐克作家卡雷尔·恰佩克在小说《罗萨姆的万能机器人公司》中首次使用了机器人这个词。

开发机器人Electro
1939 年在纽约世界博览会上出现了机器人Electro。从此机器人成为了日常中使用的说法。

工业用机器人的开发
20 世纪 60 年代初期世界上最早的工业用机器人登场,从此机器人开始代替人工作,并从那之后,机器人产业开始飞速地发展起来。

保姆机器人
2008 年,三菱重工业公司推出了保姆机器人"若丸"。连续几年,"若丸"都是各种机器人展上的明星,它能在早晨来到主人床边,报告当天的天气或新闻头条。它还能记住主人的生日,或是提醒主人的结婚纪念日。

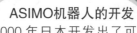

军用机械狗
这个形似机械狗的四足机器人被命名为"大狗",由波士顿动力学工程公司专门为美国军队研究设计。它能够在战场上发挥重要作用:为士兵运送弹药、食物和其他物品。

ASIMO机器人的开发
2000 年日本开发出了可以两只脚行走的机器人。2011 年又开发出了能够跑得更快,可以在原地跳动的新型 ASIMO 机器人。

31

但是到底为什么叫机器人呢？难道能够移动的机器都是机器人吗？

但是，汽车并不被称为机器人啊。

所谓机器人，指的是一种可编程和多功能的，用来搬运材料、零件、工具的操作机；或是为了执行不同的任务而具有可改变和可编程动作的专门系统。

机器人这一个词是从表示工作的捷克语"Robota"一词中衍变来的。

你现在在做什么？

 据记载，春秋后期的鲁班曾制造过一只鸟，能在空中飞行"三日不下"。

32

1920 年捷克斯洛伐克作家卡雷尔·恰佩克在自己的喜剧作品《罗萨姆的万能机器人公司》中第一次使用了"机器人"这一个词。

据说这部作品中描绘了人们对于未来机器人与机器可能会支配整个世界的恐惧。

《罗萨姆的万能机器人公司》公演中

机器人的概念多种多样。就算没有人类的相貌，但是如果能够做一些与人类行为相类似的行为，也可以称为机器人。

嗡嗡嗡

咚

机器人的概念并不是完全确定的。它的定义正在随着时代的发展而一点点发生变化。

卡雷尔·恰佩克：小说家、剧作家（1890~1938）。他写了多部揭露资本主义不合理制度的反法西斯的作品，主要有剧本《机器人》、《白色病》，小说《大战鲵鱼》。

机器人三大法则

博士，如果机器人支配人类的话怎么办？

我害怕机器人。

完全不需要有这样的担心。

因为机器人也有必须要遵守的法则。

机器人必须要遵守的法则？

美国的空想科学小说作家艾萨克·阿西莫夫在他的小说《我，机器人》中提出了三个法则作为机器人的行为准则。

孩子们，这里有你们必须要遵守的法则。

机器人三大法则是对于未来可能发生的机器人支配人类的情况进行预防的策略。

艾萨克·阿西莫夫

艾萨克·阿西莫夫：1920年出生，美国科幻小说家，生物化学教授。他是目前美国最有影响力的科幻小说作家之一。

机器人三大法则

第一法则 不管在什么情况下，机器人都不能伤害人，
当人类处于危险中的时候要进行救助。

第二法则 在不违反第一法则的情况下，
机器人必须要遵守人类的命令。

Water Please!
（请给我水！）

你自己去
拿水喝！

嗖

咻

第三法则 在不违反第一法则与第二法则的情况
下，机器人必须要保护自己。

据说废铁的
价钱很高。

抓住那个家伙，
不对，是那个
机器人！

112

112

 阿西莫夫所向往的，是人类为代表的"碳文明"与机器人为代表的"硅文明"的共存
共生。

机器人不能伤害人类，只能服从人类。
机器人的法则是绝对性的。

由于第一法则，在人类发生战争时或者犯罪时是不能使用机器人的。

而且由于第二法则，不管机器人有多么卓越的性能，作为工具都是有局限性的。

机器人 = 工具?

这之后再追加一个零法则！机器人必须保护人类的整体利益不受伤害，其他三个定律都是在这一前提下才能成立。

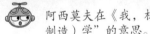 阿西莫夫在《我，机器人》中使用到的robotics一词表示的是"机器人（设计和制造）学"的意思。

如果有人为了使人类灭亡而想要发动核战争的话，机器人可以无视既有的法则阻止那个人。

只要按下这个按钮，整个世界就会……呵呵。

机器人可以这样对待人类吗？快把我放了！

机器人第零法则。

机器人的三大法则实际上也可以在制造机器人的时候使用。

随着技术的发展，三大定律可能成为未来机器人的安全准则。

 机器人三大定律受到了很多人工智能和机器人领域的技术专家的认同。

机器人是怎样移动的呢？

哇，动了！

这样的机器是怎样移动的呢？

根据位于机器人体内的计算机程序，借助电或者是发动机这样的动力来移动。

咯吱　咯吱

咯吱

但是，机器人用两条腿走路并不是那么容易的。

什么意思啊？明明走得很好啊？

咚　咯吱　咯吱咯吱

就是啊。

虽然人类可以借助肌肉拉动强有力的骨骼使两条腿轻松地移动，但是对于构造简单的机器人来说，移动是非常困难的。

哦！

 1927年在电影《大都会》中出现了女性机器人角色，名叫玛利亚。

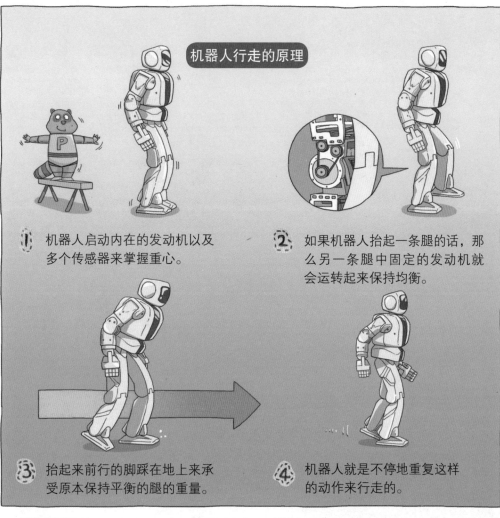

机器人行走的原理

① 机器人启动内在的发动机以及多个传感器来掌握重心。

② 如果机器人抬起一条腿的话，那么另一条腿中固定的发动机就会运转起来保持均衡。

③ 抬起来前行的脚踩在地上来承受原本保持平衡的腿的重量。

④ 机器人就是不停地重复这样的动作来行走的。

原来机器人行走起来这么困难啊。

就是啊。

咦？这是什么味道啊？

 机器人是运用身体姿势保持了重心、惯性等力量的平衡之后才行走的。

机器人的"感觉"来自传感器。它通过传感器来实现自适应功能。

机器人也可以像人一样拥有视觉、听觉和触觉。

POMI

是一种可以表达感情的机器人。通过视觉、听觉来表达感情。

眉毛、眼球、嘴唇都可以自由移动。

红酒的味道真的很不错啊。

红酒机器人

可以通过味觉传感器来确定红酒的甜味、奶酪的味道、苹果成熟的程度等。

在机器人的眼睛里有光学传感器。通过这个传感器，机器人可以知道光的亮度、物体的状态以及模样。

石头 剪刀 布

嗖

嗖

又不是小孩子……

我赢啦!

企鹅机器人POMI是韩国2008年的时候开发出来的机器人，可以表达情绪，还能与人互动，辨别出人所在的位置。

40

起到视觉作用的红外线传感器与超音波传感器可以让机器人向着有光的地方前进，或者是避开障碍物前进。

管线探测仪（Line Tracer）

能够在不破坏地面覆土的情况下，快速准确地探测出地下来自水管道、金属管道、电缆的位置、走向、深度及钢质管道防腐层破坏点的位置和大小。

机器人也可以用手抓东西。利用人手抓取物体的原理开发出的人造皮肤，使机器人能够更加灵活地用手抓东西。

 机器人的传感器使机器人能够"看到"物体的地方，听到声音，实现机器人与人的互动。

CPU（中央处理器）：是一台计算机的运算核心和控制核心。

机器人的大脑有着非常快速的计算能力以及超强的记忆能力。

但是机器人现在还不具备创意性的想法或者是解决问题的能力。

 智能机器人能够进行自我控制，具备形形色色的内部信息传感器和外部信息传感器，还具有效应器来作用于周围的环境。

与人相似的机器人——人形机器人

机器人的外形以及做的事情好像渐渐与人类更相似了。

人们对于制造出与自己相似的机器人非常感兴趣。

人形机器人有安卓（android）、人形机（humanoid）、半机械人（cyborg）。

安卓

外形以及机能与人类几乎相同的机器人。

人形机

利用机械与电子零件制造出来的与人类非常相似的机器人。

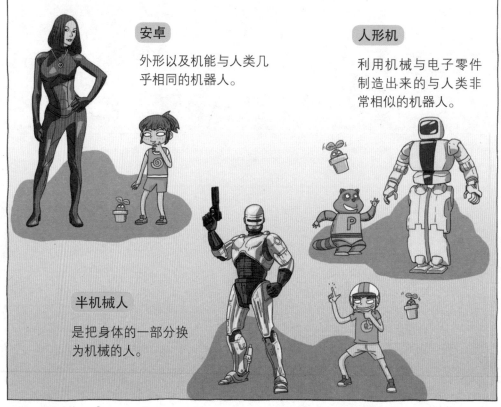

半机械人

是把身体的一部分换为机械的人。

 安卓一词最早出现于科幻小说《未来夏娃》中。

人类成功地制造出了与自己非常相似的，能够用两只脚走路的机器人。人形机器人表示的是有头、身躯、胳膊、腿等，与人类的身体形态非常相似的机器人，是最能够模仿人类行动的机器人。

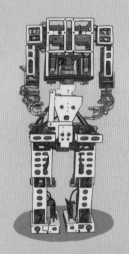

WABOT 1

是日本在 1973 年开发出来的能够用两只脚走路的机器人，但是只能走几步而已。

ASIMO

是日本在 2000 年开发出来的机器人，身高 130cm，重 48kg。ASIMO 不仅可以在平地上行走，而且在有台阶的地方或者是倾斜面上都可以自由自在地行走，还可以辨识人的脸以及声音。

除了日本，还有其他国家发明人形机器人了吗？

当然啦！

那你快给我们讲讲！

 能够用两只脚行走的机器人叫做双足步行机器人。

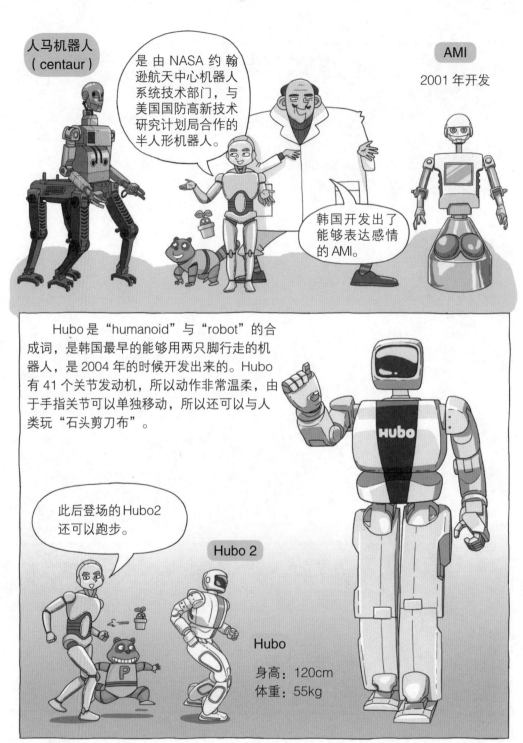

人马机器人
（centaur）

是由 NASA 约翰逊航天中心机器人系统技术部门，与美国国防高新技术研究计划局合作的半人形机器人。

AMI

2001 年开发

韩国开发出了能够表达感情的 AMI。

　　Hubo 是"humanoid"与"robot"的合成词，是韩国最早的能够用两只脚行走的机器人，是 2004 年的时候开发出来的。Hubo 有 41 个关节发动机，所以动作非常温柔，由于手指关节可以单独移动，所以还可以与人类玩"石头剪刀布"。

此后登场的 Hubo2 还可以跑步。

Hubo 2

Hubo

身高：120cm
体重：55kg

 Mahru 这个名字是表示"高处、顶峰"等意思的韩语。

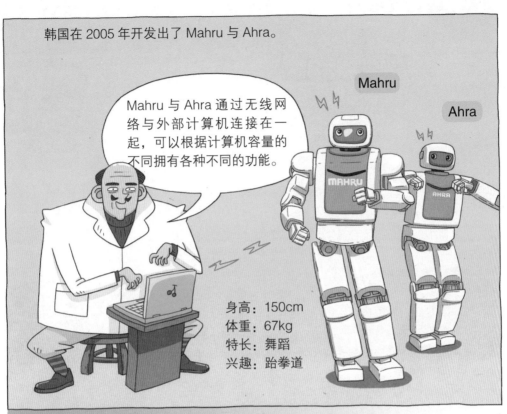

韩国在 2005 年开发出了 Mahru 与 Ahra。

Mahru 与 Ahra 通过无线网络与外部计算机连接在一起，可以根据计算机容量的不同拥有各种不同的功能。

Mahru

Ahra

身高：150cm
体重：67kg
特长：舞蹈
兴趣：跆拳道

在不久的将来，说不定人形机器人可以在我们人类的生活空间里像朋友一样与我们相处，让我们的生活变得更加丰富多彩。

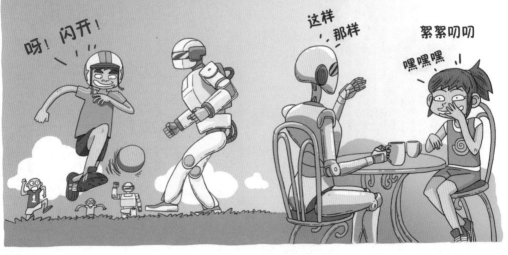

呀！闪开！

这样 那样

絮絮叨叨

嘿嘿嘿

 Ahra是从"认出主人"的"认出"这一韩语发音中得来的名字。

想要变成人，

人形机器人

大小以及模样都与人非常相似的机器人叫做人形机，即人形机器人。所谓的人形，表示的是外貌与人非常相似的意思。随着机器人工程技术的发展，机器人将会与人越来越像。

如果以后出现与人脑相似的人造脑的话，那么机器人也将会像人一样拥有相同的智慧以及感情。

现在是不是很难区分人与机器人啊？

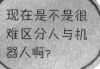

 头

通过机器人的大脑 CPU（中央处理器）来控制整个系统，可以记录信息、自己思考或者是模仿人的行动。

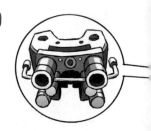

手

机器人凭借人造皮肤、触觉传感器等变得更加精巧，还可以更加自由地移动。

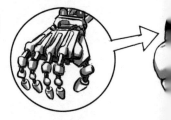

 跑步

机器人的双腿除了行走之外，还可以上台阶以及跑步，以后可能会跑得更快。

机器人是怎样产生感觉的呢？

人类具有视觉、听觉、嗅觉、触觉等。机器人也同样会产生感觉。超音波传感器、触觉传感器等安装在机器人各个部位的传感器能够让机器人产生感觉。

眼睛

机器人借助眼中的视觉传感器来感知事物的移动，并且躲避障碍物，而且还可以辨别人类的动作以及表情。

移动

在机器人的身体的各个部位隐藏着众多的关节以及电子装置。通过这些关节以及电子装置可以让机器人更加柔和地移动。

平衡

机器人通过传感器掌握身体的平衡，不至于摔倒。

把辛苦的工作交给我——工作型机器人

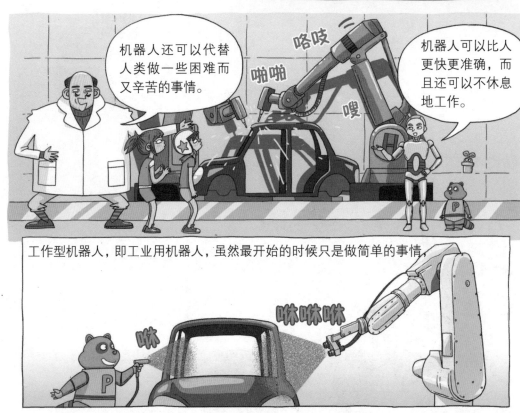

工作型机器人，即工业用机器人，虽然最开始的时候只是做简单的事情，

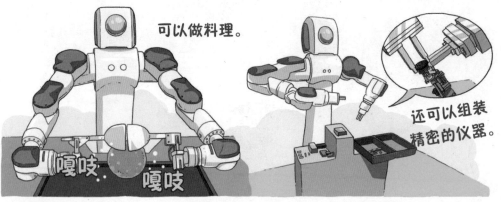

但是随着不断地发展，它们可以根据程序的设定做多种多样的工作。

可以做料理。

还可以组装精密的仪器。

 20世纪60年代初，美国研制成功两种工业机器人，并很快地在工业生产中得到应用。

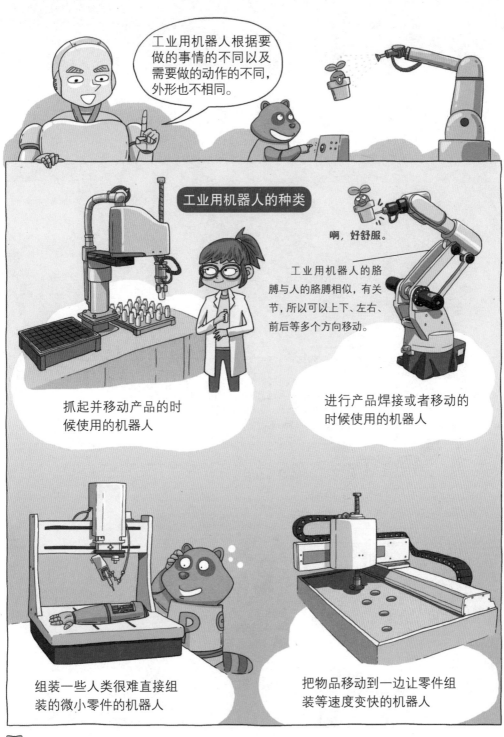

工业用机器人根据要做的事情的不同以及需要做的动作的不同，外形也不相同。

工业用机器人的种类

啊，好舒服。

工业用机器人的胳膊与人的胳膊相似，有关节，所以可以上下、左右、前后等多个方向移动。

抓起并移动产品的时候使用的机器人

进行产品焊接或者移动的时候使用的机器人

组装一些人类很难直接组装的微小零件的机器人

把物品移动到一边让零件组装等速度变快的机器人

 中国最早的工业用机器人是在工厂里从事喷涂、电焊、弧焊和搬运的工作。

家务活也不在话下——家用机器人

 其实，在我们的生活中已经出现了很多能够帮助人做家务活的机器人。

52

那是什么?

那是家用清扫机器人三叶虫（Trilobite）。

三叶虫（Trilobite）不需要人的操控，可以自己思考、自己移动。把房间内部的整体空间进行计算，在房间里转来转去进行清扫。由于非常小而且扁平，所以可以轻松地进入床底以及沙发底下进行清扫。

嗡~

三叶虫（Trilobite）如果没电了，还可以自己充电。

咦？这是什么？

三叶虫（Trilobite）：是2001年面世的全球第一款家用清扫机器人。

这是美国的家务活机器人——"空间"。可以帮助移动碗碟或者是递信等。

而且还非常擅长打扫卫生。

为了能够自由移动，它的轮子是锯齿形状的。

空间

高度：25cm

制作时间：2003 年

如果有家务活机器人就太方便了。

哎呀！这又是什么呀？

那是看护我们的家的警卫机器人番竜。

番竜 高度：70~80cm

制造国家：日本

番竜在家里转来转去，可以感知煤气有没有泄漏，而且如果发现入侵者还会发出警报。同时，它还可以使用声音辨别技术与主人的手机连接起来。

表面并不平整的脚底同样可以平稳行走。

 番竜就像是亲切的宠物一样，可以对"叫"、"坐下"等声音命令产生反应，并做出行动。

随着电池、小型传感器、照相机、设计、程序等越来越发达，家用机器人也在不停地发展。

感情丰富的机器人朋友

 宠物是指由家庭饲养的受人喜欢的小动物，如猫、狗等。

智能型宠物机器人 Genibo 是韩国最早的宠物机器狗。

嗖嗖

如果人对它进行抚摸，
它就会表现得很开心。

如果自己行走，
就会避开障碍物。

用鼻子下面
的照相机来识别
主人的脸部。

通过两肋、
后背、头、下
巴的触觉传感
器来做出反应。

Genibo

体重：1.5kg
身高：约30cm

会把新闻信息等告诉
主人，而且还会播放音乐。

咔嚓

可以拍摄照片，然后通
过无线网络传送到电脑上。

 Genibo是2006年的时候韩国国内制作出来的感性型娱乐机器人。

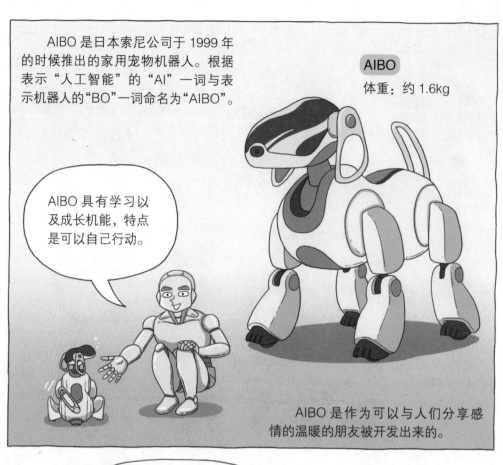

AIBO 是日本索尼公司于 1999 年的时候推出的家用宠物机器人。根据表示"人工智能"的"AI"一词与表示机器人的"BO"一词命名为"AIBO"。

AIBO
体重：约 1.6kg

AIBO 具有学习以及成长机能，特点是可以自己行动。

AIBO 是作为可以与人们分享感情的温暖的朋友被开发出来的。

宠物机器人不停地发展，现在有的还可以帮人类缓解压力，在人类郁闷的时候作为朋友给予安慰。

 AIBO可以感觉到"高兴、伤心、生气、惊讶、害怕、讨厌"这6种感情。

帮助人们治愈内心的机器人——Paro，是以小海豹作为原型制作而成的。

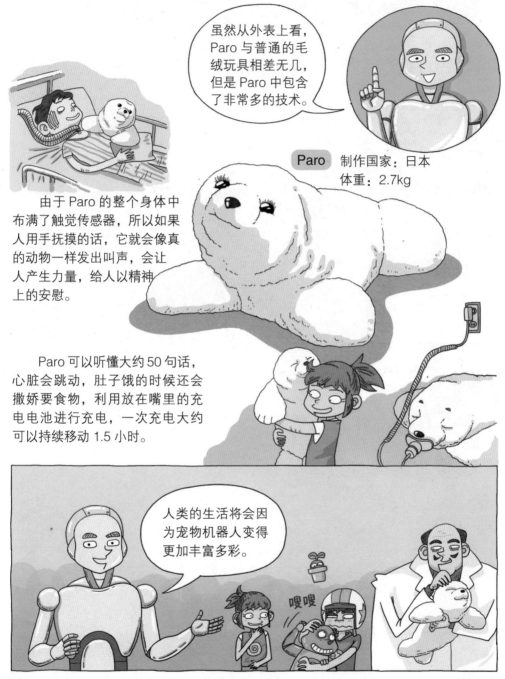

虽然从外表上看，Paro与普通的毛绒玩具相差无几，但是Paro中包含了非常多的技术。

Paro　制作国家：日本
　　　　体重：2.7kg

由于Paro的整个身体中布满了触觉传感器，所以如果人用手抚摸的话，它就会像真的动物一样发出叫声，会让人产生力量，给人以精神上的安慰。

Paro可以听懂大约50句话，心脏会跳动，肚子饿的时候还会撒娇要食物，利用放在嘴里的充电电池进行充电，一次充电大约可以持续移动1.5小时。

人类的生活将会因为宠物机器人变得更加丰富多彩。

嗖嗖

 Paro在2002年的时候作为世界上最早具有治疗效果的机器人被记入了吉尼斯纪录中。

与机器人一起做运动

金优秀，你要去哪里？不跟我们一起走吗？

等一等，我再踢会儿球！

现在的机器人可以分析并且记忆人类的动作，而且可以跟人类一起分享运动的快乐。

足球机器人

是跟随程序进行思考、比赛的智能型机器人。机器人之间会相互传递信息然后移动。

格斗机器人

人用无线控制器来操纵机器人，让它们进行格斗。

 比赛用机器人有时候还会参加机器人之间展开的比赛。

剑道机器人

可以进行攻击，而且还能够像真的选手一样做出反应，帮助人们进行剑道练习。它们体内有能够对施加在刀剑上的力量进行测定的传感器。

充满活力的大脑机器人

可以观察人类的行动并进行记忆，即使是第一次做的运动也可以即时模仿。

扔球的机器人

可以通过计算机对球的速度以及角度进行调节。

 1995年在韩国的建议下成立了世界机器人足球联盟，举办了机器人足球比赛。

以它们为例
来了解机器人 嗖

机器人 AMI 与 Hubo 到底是什么样子的
呢？又有什么样的功能呢？

AMI

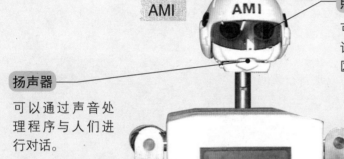

照相机

可以通过照相机来区分、
记忆人的脸部。最多可以
区分 200 张左右的脸。

扬声器

可以通过声音处
理程序与人们进
行对话。

胳膊

可以用两只胳
膊、手来拿物体
以及搬运物体。

屏幕

可以通过屏幕来
表达悲伤、快乐
等情感。

移动控制器

借助轮子的滚
动可以自由自
在地移动。

KAIST

如果想要制作机器人必须要知道什么内容呢?

　　要了解让机器人能够像生物一样移动的生物工程学,让机器人能够看到、听到、感觉到的传感器工程学,让机器人能够自由移动的意志工程学,让机器人能够思考的人工智能,设计机器人构造的机械工程学,研究机器人的超小型计算机脑的电子工程学,让机器人不会倒下的控制工程学等。

Hubo

CCD(Charge-coupled Device)照相机

2 台照相机可以分别移动,可以目视前方。

电池

在身体的胸部位置有电池,充一次电可以持续移动约 90 分钟。

手指发动机

每个手指上都带有发动机。5 根手指可以分别移动,可以非常自由地做出各种手势。

惯性传感器

位于身体内部的传感器,测定身体的前、后、左、右的倾斜。

倾斜传感器

位于脚底的传感器,可以测定地面的倾斜度,使身躯不至于倾倒。

63

 为了特殊目的开发出来的特种机器人，在多样化的现代社会中成为了一种非常重要的机器装置。

韩国开发出来的 ROBHAZ 可以代替
人执行探知和排除爆炸物的任务。

夜间侦察用热像收集装置
在夜间利用热像照相机可以
观测到 1~2km 之外的范围。

冷却装置
使机器人在炎热的
天气里也能够坚持
住的冷却装置。

处理爆炸物的水炮
利用强烈的水压破
坏爆炸物。

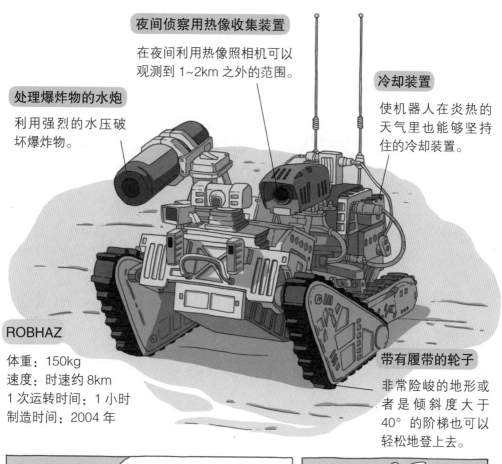

ROBHAZ

体重：150kg
速度：时速约 8km
1 次运转时间：1 小时
制造时间：2004 年

带有履带的轮子
非常险峻的地形或
者是倾斜度大于
40°的阶梯也可以
轻松地登上去。

因为有了 ROBHAZ，
所以在危险的地区也
可以安全地执行任务。

啊！
着火啦！

 ROBHAZ是表示在人类很难工作的危险的环境中工作的机器人的英语单词的缩写。

这是一台可以进入那些人们很难接近的类似于火灾或者是地震现场等危险地方，把受灾群众救出来的救人机器人。

您没关系吧?

ROBO—Q

长度为 4m，宽为 1.7m。通过传感器对火灾现场的温度以及有害气体等进行勘测，用机械臂把人移动到现场之外进行救助。

咦? 怎么会有滑翔机呢? 是玩具吗?

那是无人侦察机。

是机器人?

 无人机在一战中首次使用，80多年来逐渐发展为必不可少的武器系统。

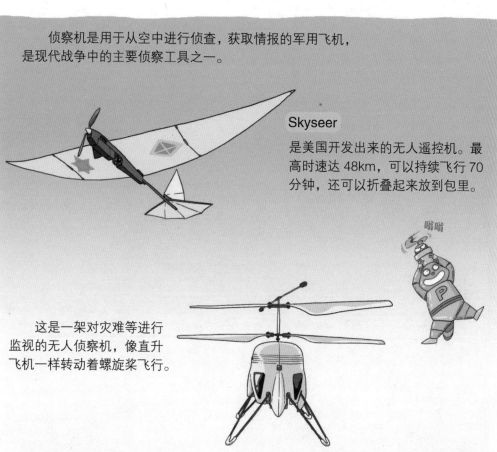

侦察机是用于从空中进行侦查，获取情报的军用飞机，是现代战争中的主要侦察工具之一。

Skyseer

是美国开发出来的无人遥控机。最高时速达 48km，可以持续飞行 70 分钟，还可以折叠起来放到包里。

这是一架对灾难等进行监视的无人侦察机，像直升飞机一样转动着螺旋桨飞行。

如果机器人能够进一步发展，在危险地区或者是发生重大事故的时候能够给我们提供帮助就好了。

从这一点上来看，机器人的作用就更加重要了。

我讨厌战争。

 加拿大制造的Scout飞行机器人，可用于追踪犯罪分子和监视公众活动。

自己产生能量的机器人

哇，真好吃！机器人应该不能像人这样吃食物吧。

就喜欢吃跟玩，该怎么办呢？

啪

吧唧

你这个机器人怎么能够吃食物呢？

打嗝

以前的机器人当能量用完时就会停下来。但是现在正在开发可以自己产生能量的机器人。

那就是说机器人也可以像人一样吃饭吗？

美食者（Gastronome）机器人是美国在2000年的时候研制出来的。

自己产生能量的机器人

食道

超音波眼睛

蓄电池

嘴

美食者（Gastronome）

是像人一样吃饭生存的机器人。在身体内部把食物分解掉，然后制造出电，利用电的力量运转起来。

微生物燃料电池的胃脏

微生物染料电池

Ecobot 2

英国研制出的 Ecobot 机器人 2 有八个微生物燃料电池。如果在充满了污垢、脏水的燃料电池里放入一只死苍蝇的话，在污水中的细菌就会把苍蝇分解，从而制造出能量。

控制系统

传感器

Slugbot

通过捕食蛞蝓（鼻涕虫）获得能量。把蛞蝓放入能够自动发酵的槽中，在机器人进行充电的过程中，发酵槽能将蛞蝓转化为电能。

没……没关系。
我不饿。

吧唧

 美食者（Gastronome）在微生物燃料电池的胃脏中把方糖分解为水与二氧化碳。

模仿生物进行工作的仿生机器人

啊！是蜥蜴！

哈哈，不要害怕，那是蜥蜴型机器人。

啊！

那也是机器人？

现在有很多模仿生物的构造或者是机能而制作出来的机器人。

生物的独特的行动能力对于机器人的研究能够起到很大的帮助作用。

把生物的行为、特技等应用在机器人中，使机器人能够发挥出多种多样的功能。

 仿生学是指模仿生物建造技术装置的科学，它是在上世纪中期才出现的一门新的边缘科学。

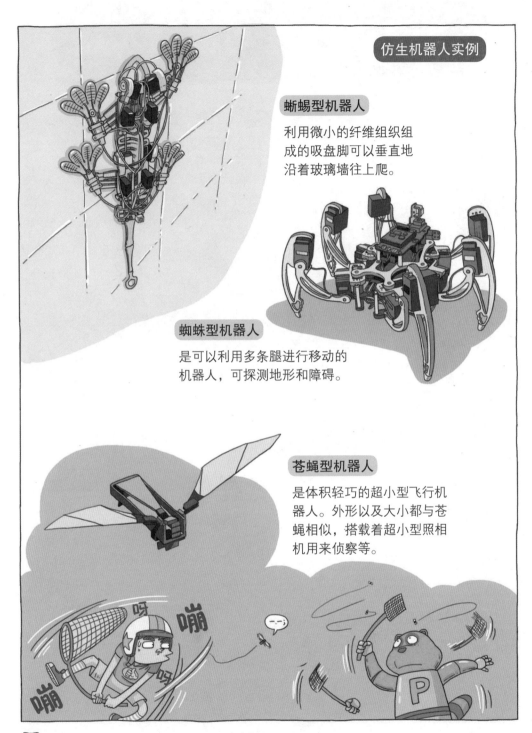

仿生机器人实例

蜥蜴型机器人

利用微小的纤维组织组成的吸盘脚可以垂直地沿着玻璃墙往上爬。

蜘蛛型机器人

是可以利用多条腿进行移动的机器人，可探测地形和障碍。

苍蝇型机器人

是体积轻巧的超小型飞行机器人。外形以及大小都与苍蝇相似，搭载着超小型照相机用来侦察等。

 现在正在研究、开发恐龙、猴子、蛇、龙虾、蜈蚣、蝴蝶等多种生物的机器人。

多种多样的医用机器人

让你调皮，终于摔倒了吧！

博士，没有能够帮我治疗伤痛的机器人吗？

当然有了！

风风，原来你是医生机器人啊！

治疗结束了？

呼……

医用机器人现在已经在医疗领域扮演重要的角色。

临床医疗用机器人可以用准确而又细微的动作做一些非常棘手的手术。

 手术用机器人达芬奇是美国在20世纪90年代左右制造出来的。

最早的机器人医生是达芬奇机器人。利用达芬奇做的最早的遥测手术是在 1999 年的时候实现的。现在人们可以利用更加发达的"达芬奇 SI"通过手术部位扩大 10 倍的高清晰三维立体影像来进行手术，要比人手操作更加精准。

首先在患者的身体上打一个跟铅笔直径一样大的洞，然后达芬奇就通过这个洞进入人的体内。

达芬奇机器人的手术过程

医生一边通过画面看着扩大的手术部位，一边操控达芬奇的机械臂进行手术。

 达芬奇机器人的设计理念是通过使用微创的办法，实施复杂的外科手术。

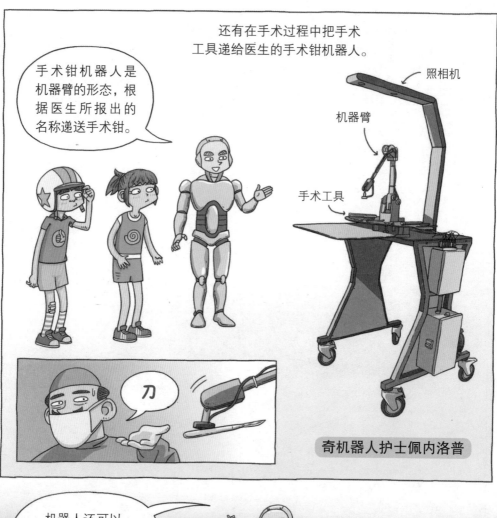

还有在手术过程中把手术
工具递给医生的手术钳机器人。

手术钳机器人是机器臂的形态，根据医生所报出的名称递送手术钳。

照相机

机器臂

手术工具

刀

奇机器人护士佩内洛普

机器人还可以照顾病人。

在身体行动不便的病人身边帮助他们进行康复治疗，或者是帮他们做一些他们做起来很困难的事情。

 对人的眼睛、大脑、肌肉等发射出来的生命信号的研究被用在了医疗用机器人的开发中。

残疾人可以把机器臂或机器腿连接在身上进行生活。这些机器是依靠人的大脑中出现的神经元来移动的，让人可以自由自在地弯曲手腕，手指也可以自由屈伸。

刷刷

刷刷

啊

这是一台康复机器人，帮助患者做他们一个人很难做的吃饭、洗脸、折叠物品等事情。

啊！现在就算是受伤也没关系了，因为有机器人！

就想着接受机器人的帮助。

 日本开发出的MELDOG是一种移动式康复机器人，作为"导盲犬"以帮助盲人完成操作和搬运物体的任务。

让我们再去见一见新的机器人吧?

这次又要去哪里呢?

呼呼 呼呼

啊!这是什么地方啊?

是南极。

南极?

在南极上有很多很久以前发生的事情遗留下的痕迹,还有从宇宙中飞来的陨石。

但是由于冰冻的大陆、严寒的天气等恶劣的环境,使得在南极探险非常危险。现在机器人正在进行南极探险。

 探测机器人是对人类很难接近的地方的资源、环境等进行探测的机器人。

这是一部南极探测机器人。它把挥发油发动机作为动力使用，利用本身的传感器对南极大陆进行探测，找到物体之后判断到底是不是陨石。

带有4个用钉子钉着的金属轮胎，在很滑的冰面上也能够很好地移动。

博士，太冷了。我们去别的地方吧！

哈哈，好吧。

 南极探测机器人打破南极的冰层，对水以及堆积层进行调查，有时候还会对生命体进行确认。

像蜘蛛一样有 8 条腿的 DANTE Ⅱ是火山探测机器人。DANTE 会进入火山洞中，对沸腾的熔岩以及气体等进行探测，然后通过计算机把资料传送给科学家。

DANTE Ⅱ

DANTE Ⅰ探测失败之后，DANTE Ⅱ成为人类第一个"成功"的陆地探测机器人。

啊，好热啊，待不下去了。

我们去别的地方吧。

人们带着无穷无尽的好奇心想对世界上的所有的地方进行探测。

但是人类由于身体上的局限性，有很多地方都是无法直接去探测的，所以就要利用机器人。

南极以及火山这样的地方太危险了，此外海洋深处也是利用机器人探测的吗？

 DANTE Ⅱ与人造卫星相连接，对斯伯火山进行了考察，传回各种数据及图像。

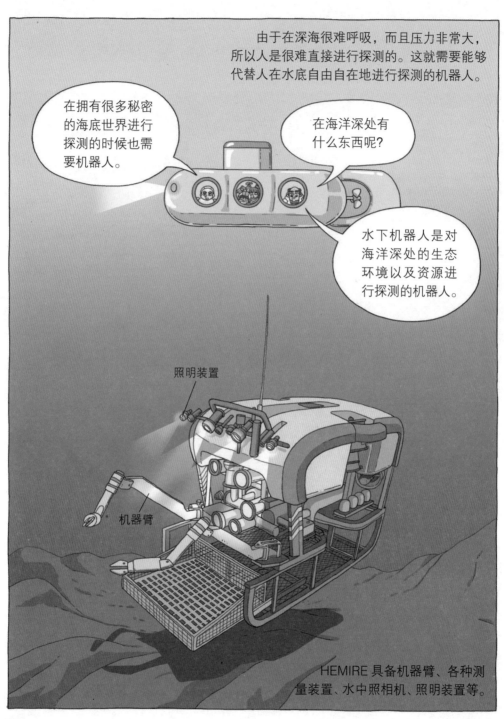

由于在深海很难呼吸，而且压力非常大，所以人是很难直接进行探测的。这就需要能够代替人在水底自由自在地进行探测的机器人。

在拥有很多秘密的海底世界进行探测的时候也需要机器人。

在海洋深处有什么东西呢?

水下机器人是对海洋深处的生态环境以及资源进行探测的机器人。

照明装置

机器臂

HEMIRE 具备机器臂、各种测量装置、水中照相机、照明装置等。

 20世纪80年代以来，中国开展了水下机器人的研究开发，研制出了"海人1号"水下机器人，成功地进行水下实验。

太空机器人,向着宇宙前进!

啊!是宇宙哦!

哇,好漂亮啊!

太空机器人为了替人搞清楚宇宙与行星的秘密,不停地努力着。

由于宇宙是真空的,所以人是不能到宇宙中去的。但是机器人与人是不同的,即使处在真空状态中也是没关系的。

太空机器人,又称空间机器人,是一种在航天器上从事空间作业的通用智能机电系统。

还对月球或者是行星表面、地下进行探测。

 太空机器人工作在微重力、高真空、超低温、强辐射、照明条件差的空间环境下,它与地面上用的工业机器人有很大差别。

在宇宙空间飞行的机器人负责寻找新行星，并进行探测、实验等工作。

在宇宙飞船附近工作的机器人负责更换宇宙飞船的旧零件或者是处理故障。

宇航员还可以在机器人的机械臂的帮助下做一些精密的工作。

 太空机器人发送的信息，通过宇宙飞船传送到地球上的科学家手里。

由于火星上的昼夜温差非常大，人不能轻易接近火星。

所以就需要能够进行火星探测的机器人来代替人工作。

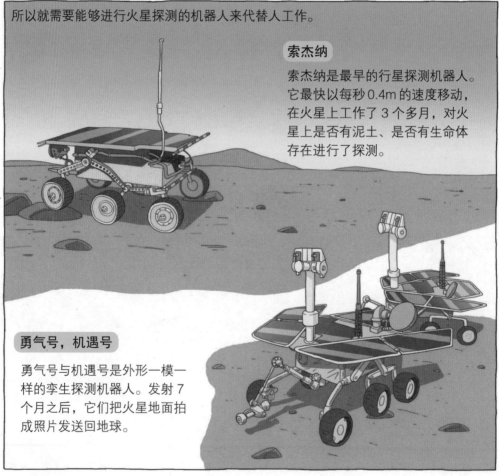

索杰纳

索杰纳是最早的行星探测机器人。它最快以每秒0.4m的速度移动，在火星上工作了3个多月，对火星上是否有泥土、是否有生命体存在进行了探测。

勇气号，机遇号

勇气号与机遇号是外形一模一样的孪生探测机器人。发射7个月之后，它们把火星地面拍成照片发送回地球。

 索杰纳是1997年搭载在无人宇宙探测船"火星探路者号"上登上火星的。

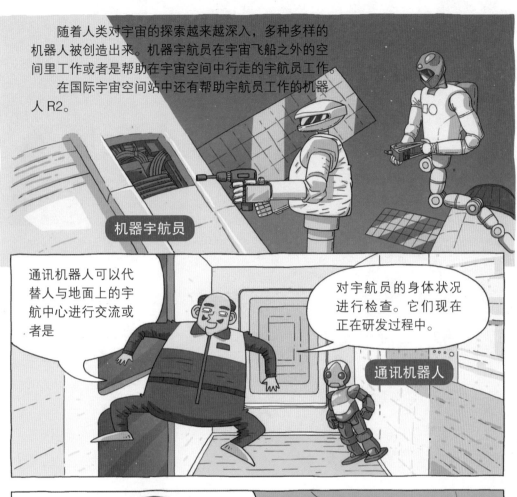

随着人类对宇宙的探索越来越深入，多种多样的机器人被创造出来。机器宇航员在宇宙飞船之外的空间里工作或者是帮助在宇宙空间中行走的宇航员工作。

在国际宇宙空间站中还有帮助宇航员工作的机器人 R2。

机器宇航员

通讯机器人可以代替人与地面上的宇航中心进行交流或者是

对宇航员的身体状况进行检查。它们现在正在研发过程中。

通讯机器人

啊！在未来可以乘坐机器人……

优秀啊，你又在想象一些奇怪的事情吧？

 太空机器人对离地球比较近的月球、火星、木星的卫星、小行星等进行探测。

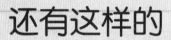

还有这样的

机器人？

机器人的种类日趋丰富，特征日趋明显。还有一些我们根本想象不到的机器人，下面就让我们去见一见那些功能各异的机器人吧。

翻译就交给我吧！

以后不用再辛辛苦苦地学习外语了。左图是日本开发出来的翻译机器人 Papero。它可以把日语翻译成英语，也可以把英语翻译成日语。它知道 5 万个日语单词，25000 个英语单词，是不是很了不起啊？

要把食物递给您吗？

右图中机器人正在准备食物。它是以网络为基础的类人机器人 MAHRU—Z（右）与 MAHRU—M（左）。是不是不知缘由地觉得机器人递过来的食物更好吃呢？

像我一样尝试着做出丰富多彩的表情吧！

KISMET 可以用脸部表情表达出多种多样的感情。这是对人类与机器人的相互作用进行研究之后研发出来的。

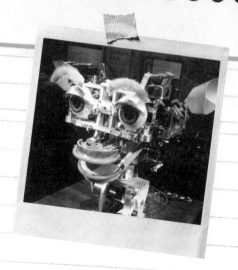

是不是不能区分出谁是人，谁是机器人啊？位于中间的就是艺人机器人。

最近我最受欢迎呀！

现在机器人也是可以成为艺人的。有着漂亮的外表而且擅长跳舞的艺人机器人最近跟明星一样受欢迎。

危险的任务交给我吧！

机器人在人类很难探测的地方执行特别的任务。海洋深处、浩瀚的宇宙、流淌着炽热熔岩的火山、冰天雪地的南极等都是机器人活跃的舞台。

2012年8月6日着陆的最新火星探测机器人"好奇号"。

神奇的"智能灰尘"

现在大部分的机器人都是代替人类做一些辛苦而又难做的事情。

机器人更加智能的时代将会来临。

机器人更加智能?

会是什么样的机器人呢?

比人更聪明、有心脏的、肉眼看不见的非常微小的机器人，将可以做更多的事情。

机器人工程师们为了研制小巧轻盈、更加智能的机器人，正不停地努力着。

现在正在研制能进入人体内部非常小的机器人。

 随着电子零件以及机械装置可以制造的越来越小，制造超级小的机器人也变成了可能。

86

所谓"智能灰尘"，是指科学家发明的像"灰尘"一样，具有智能的一种东西，实际是研究人员发明的一些细小的、廉价的感应器。

　　如果把"智能灰尘"播撒在道路、建筑、衣服、人体等地方，它们之间就会形成网络，搜集周围所有的信息。

　　"智能灰尘"可以更精确地监测和了解人类周围的世界。

投入到军事作战中的"智能灰尘"用来搜集坦克等军事车辆的移动、军队的移动状况等信息。

哇！坦克与士兵们正在向南移动。

"智能灰尘"正在扮演着间谍的角色。

它们还负责对环境以及生态系统进行探测、记录等工作。"智能灰尘"中带有能够感知震动的传感器，如果播撒到建筑物中，可以提前感知地震，而且还可以准确地计算出震源深度。

震震震震震　　　　震震震震震

"智能灰尘"对于减少自然灾害方面也发挥着很大的作用。

 "智能灰尘"是具有可以感知并分析周围的温度、光、震动、成分等的超小型传感器。

"智能灰尘"做的事情

粘贴在办公室工作人员的衣服上，可以测量室内温度，以便调节室内温度。

粘贴在孩子的衣服上，可以了解孩子所在的位置或者是孩子的健康状况。

如果粘在手上，不用按电脑的键盘就可以启动电脑。

 "智能灰尘"可以放置在人体内来监控患者的生命特征。

能够进入人身体内部的机器人

以后机器人可以直接进入人的身体里为人们治病。

机器人进入我们身体内部？

胶囊型内视镜机器人

胶囊型内视镜机器人具备光源与照相机，可以观察身体内部的器官，对食道、胃等进行拍照。这种微小机器人对治疗消化系统疾病非常有效。

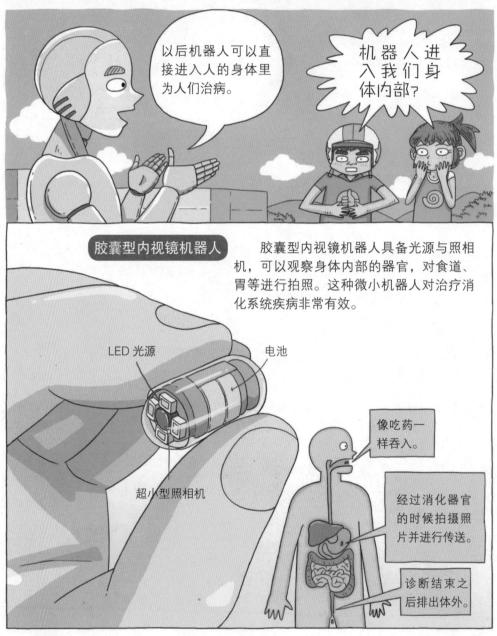

LED 光源

电池

超小型照相机

像吃药一样吞入。

经过消化器官的时候拍摄照片并进行传送。

诊断结束之后排出体外。

 机器人进入人体内部进行治疗的情景曾出现在根据阿西莫夫小说改编成的电影《神秘的旅程Ⅱ：终极智囊》中。

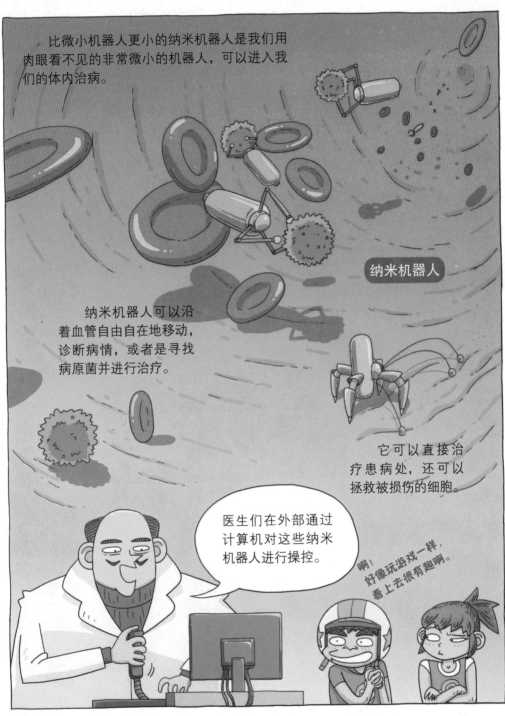

比微小机器人更小的纳米机器人是我们用肉眼看不见的非常微小的机器人，可以进入我们的体内治病。

纳米机器人

纳米机器人可以沿着血管自由自在地移动，诊断病情，或者是寻找病原菌并进行治疗。

它可以直接治疗患病处，还可以拯救被损伤的细胞。

医生们在外部通过计算机对这些纳米机器人进行操控。

啊，好像玩游戏一样，看上去很有趣啊。

 纳米是表示十亿分之一米的非常小的单位。

爷爷、奶奶的朋友——生活护理机器人

随着医疗卫生发展，人类的寿命在逐渐增加，与人们一起生活的机器人也会渐渐增多。

SILBOT（银色机器人）是给独居老人提供帮助的智能型机器人，可以做很多事情。

T-ROT

这是为行动不便的老人以及残疾人们开发出来的服务型机器人。它可以一边对话一边拿来人们需要的物品。

MERO

SILBOT

MERO与SILBOT

它们是为了执行特别的任务而研制的机器人。它们可以帮助老人们进行大脑训练以预防痴呆。它们擅长唱歌与玩游戏，尤其是可以与老人们一起玩一些能够提高记忆力与集中力的多种多样的游戏。

 由于现在的社会渐渐向着老龄化社会发展，所以生活护理机器人受到了人们的关注。

可以穿在身上的机器人是能够帮助爷爷奶奶们锻炼韧带，或者是帮助他们顺利地行走，或者帮助他们提重物的一种机器人。

ROBIN

不能行走或者是行走困难的人在 ROBIN 的帮助下能顺利地行走。机器人传感器掌握了所行走的路线之后，就会启动发动机，然后就可以行走了。

HAL

穿在身上的机器人可以把大脑信号传递到计算机上，然后机器人就可以行走。机器腿可以帮助人们行走，机器臂大约可以提起 45kg 的东西。

以后就算成了老爷爷、老奶奶也不用担心了，因为有机器人！

成为老奶奶？

 机器人不再仅仅是帮人们做一些很困难的事情，而且正在改变着人类的生活文化以及生活方式。

如果机器人能够思考

如果机器人这样继续发展下去，以后会不会出现能够像人一样会思考的机器人呢？

是的。说不定有一天机器人的智商与人的接近。

一个机器人工程学理论家曾经预言过，认为从机器人技术的发展过程来看，机器人的智能会不断地提高，

总有一天机器人也能像人一样会看、会说，像人一样行动。

美国的马文·闵斯基曾经对机器人可以自动执行非常复杂的命令的人工智能进行过研究。

具有人类智慧的智能机器人说不定在某一天将会出现。

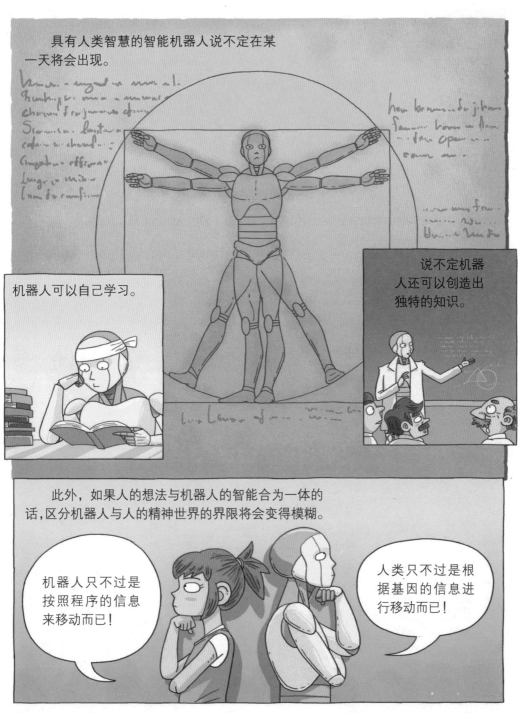

机器人可以自己学习。

说不定机器人还可以创造出独特的知识。

此外，如果人的想法与机器人的智能合为一体的话，区分机器人与人的精神世界的界限将会变得模糊。

机器人只不过是按照程序的信息来移动而已！

人类只不过是根据基因的信息进行移动而已！

 出生于澳大利亚的罗德尼·布鲁克斯制造出了可以像小孩子一样学习的机器人。

智能机器人

　　智能机器人之所以叫智能机器人，是因为它具有相当发达的"大脑"。在脑中起作用的是中央计算机，这样的计算机可以进行按目的安排的动作。

　　有一些科学家们预言总有一天会迎来智能机器人支配人类的时代的。

 阿兰·图灵（1912~1954）提出了"机械可以思考吗？"的问题，并对机械的智能进行了研究。

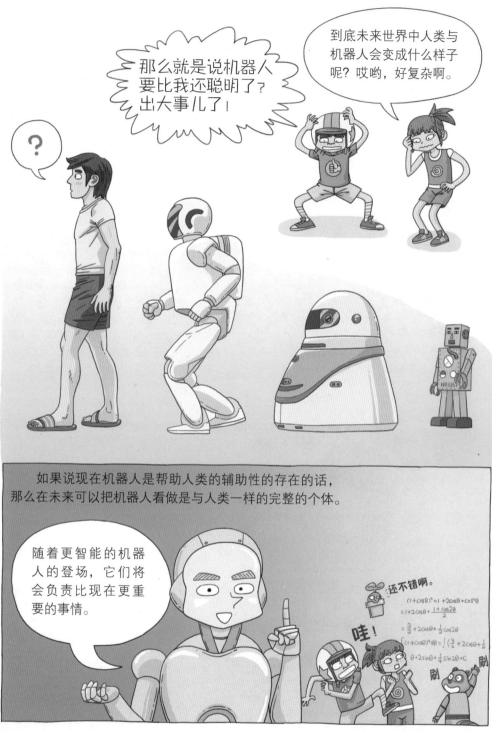

到底未来世界中人类与机器人会变成什么样子呢？哎哟，好复杂啊。

那么就是说机器人要比我还聪明了？出大事儿了！

？

如果说现在机器人是帮助人类的辅助性的存在的话，那么在未来可以把机器人看做是与人类一样的完整的个体。

随着更智能的机器人的登场，它们将会负责比现在更重要的事情。

还不错啊。

哇！

刷 刷

一个机器人工程学的理论家曾经说过机器人技术的发展过程就好像生物进化一样，并对未来的机器人进行了预测。

拥有人类感情的机器人

机器人渐渐变得与人类越来越相似了。

但是，现在还只不过是一种模仿人类的机器而已吧？它们是没有感情的啊。

是的，机器人想像人一样并不容易。

机器人如果想像人类一样的话，不仅要懂得思考，而且还需要有感情才行。

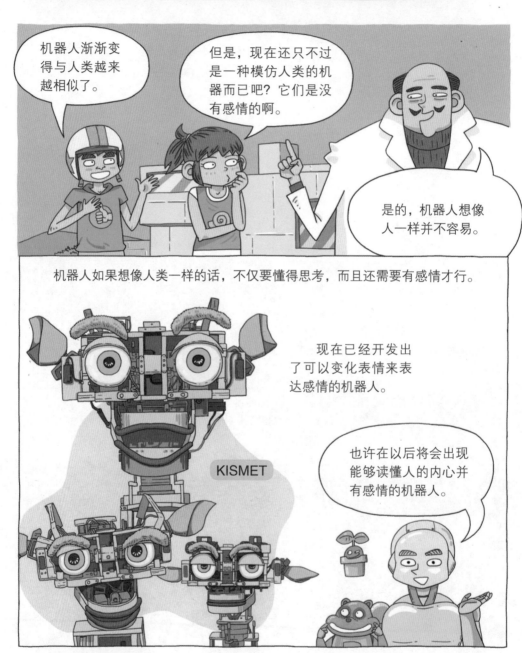

现在已经开发出了可以变化表情来表达感情的机器人。

KISMET

也许在以后将会出现能够读懂人的内心并有感情的机器人。

 KISMET的眼皮、眉毛、耳朵、嘴巴上都单独安装了发动机，可以一边移动一边来表达感情。

98

拥有人类感情的机器人可以感知人的情绪状态来做出反应，而且还将具有自动产生感觉的能力。

机器人看到人脸上的表情之后就可以知道人的心情如何。

如果遇到伤心的事情的话，机器人可能还会哭泣。

但是，机器人怎样感知人的情绪呢？

对啊。

为了制造出那样的机器人，就需要有能够感知人类情绪并做出反应的技术。

在人的内心里有个体监控自己及他人的情绪和情感，并识别、利用这些信息指导自己的思想和行为的情绪机能。

理解人类情绪反应的方法有从人类的行为或者是生理变化来感觉。

能够感知人类的快乐、悲伤、愤怒等脸部表情的技术现在正在开发中。

快乐

悲伤

愤怒

惊讶

但是由于仅仅依靠脸部表情是不能准确地掌握人的情绪的，所以能够感知生理信号也是非常重要的。

能够感知血压、汗水、体温、肌肉的紧张状态、心脏搏动等的传感器使机器人可以掌握人类的情绪状态。

汗如雨下

血压上升

原来很紧张啊。

心跳加速

肌肉抽搐

 情绪包括情绪体验、情绪行为、情绪唤醒和刺激物的认知等复杂成分。

也许在未来将会开发出长着人的心脏，能够拥有记忆，能够感觉并抒发各种感情的机器人。

在未来说不定我们身边的机器人看到悲伤的电影之后还会流眼泪。

我们说不定会跟能够像人一样思考、感觉、行动的机器人一起生活。

在未来，人类可能会与机器人一起生活，到那时，整个世界也会更加离不开机器人。

 感情机器人能够根据人们对待它的不同态度而做出相应的反应。

在未来有这样的 机器人？

未来的机器人将会做更多人类很难做到的事情，可能会与人类一起生活。在未来，会有什么样的机器人与我们一起生活呢？

与生物类似

机器人工程师们正在对地球上的生物进行研究，为了把研究结果应用到机器人身上而不停地努力着。根据生物的特征制造出来的机器人性能非常好，可以做很多事情。蟑螂型爬虫机器人可以用于灾后的搜索与救援工作，长得像猎豹的机器人将会服役于军队，成为能够逃避人类追捕的战场机器人。

鱼形机器人、蛇形机器人等多种多样的仿生机器人

我来做你的朋友

未来的机器人并不仅仅是帮助人们做事，还可以成为人类充满感情的朋友，也许将来还会开发出能够安慰人类的心理治疗机器人。

102

 **照料孤独的银发人**

　　随着人类寿命的延长，将会出现很多可以照顾老人的机器人。这些机器人用脸部表情以及声音来表达感情，还可以与老人自然地进行对话，此外还可以照顾那些年老体衰、行动不便的老人。

老年人的朋友

 机器人也懂得思考！

　　也许在未来将会出现懂得思考的机器人。不仅仅是根据人类的命令或者是程序行动，这种机器人将会自己思考并做出判断。

在未来要是能够出现代替学生写作业的机器人就好了。

 像人类一样有心脏

　　在未来将会出现像人类一样有心脏的机器人。机器人将可以感觉内心的变化并表达自己的感情，与人类一起生活。如果机器人具备了能够区分对错的伦理意识以及懂得欣赏美好东西的审美感觉的话，应该会成为更加完美的机器人吧！

103

梦想着与机器人一起生活的世界

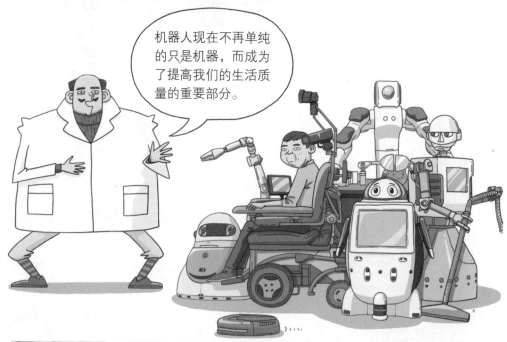

> 机器人现在不再单纯的只是机器，而成为了提高我们的生活质量的重要部分。

人类可以借助机器人完成一些自己无法做到的事，还可以实现关于未来的无穷无尽的梦想。

 首台采用人工智能学的移动机器人是通过无线通讯系统进行远距离操控来实现移动的。

 从2000年左右起，逐渐形成了以宠物机器人以及扫地机器人为中心的服务型机器人市场。

105

那么在未来也能够开发出这样的机器人吗?

这个……可能会吧?

几天后，在优秀与美罗的学校里……

呀! 呀! 快传!

嗖

嗖嗖!

嗖嗖 刷刷!

呃啊!

砰

 在不久的将来，个人机器人可能就会在家庭中普及，每1个人有1个机器人的时代将会来临。

 有人曾经预测在2050年以后，这个世界将会从人类时代变成机器人时代。

 随着人工智能研究的发展，人们正在制造不属于工业用机器人的智能机器人。

 有的科学家认为在未来机器人与人类将会和谐相处，实现共存。

110

机器人 的 科学王

诺依曼

从神话中出现的机器人直到现在帮助人类做事的现代的机器人。

机器人已经成为了我们的朋友以及我们的未来。

下面就让我们去了解一下为机器人的发展奠定基础的诺依曼吧！

诺依曼,
从计算机到机器人

113

但是，ENIAC 在进行计算的时候不是一般的累。

为什么会累呢？

额，现在需要进行计算。

要是需要进行不同的计算的话，就需要把计算机的配线进行更换。

呼。

更换配线！

大家辛苦了。

我这个也需要计算……

啊！

哎哟，还不如直接心算更快呢。

为了解决这样的不便，诺依曼提出了存储程序的概念。

哦！把程序存储在计算机中的划时代的想法！

114

由于有了诺依曼开发出来的程序，所以出现了能够更快速地进行计算的计算机，使计算机飞快地发展起来。现在使用的计算机也是根据诺依曼的概念设计出来的。

而且向着更发达的技术前进……

那就是……

机器人！

是的。正是诺依曼让机器人启动时将需要的处理过程全部聚集在一起。他提出了机器人设计的基础概念，对机器人工程学的发展起到了非常大的影响。也就是说将计算机的发展延伸到了机器人的发展上。

我之所以能够诞生都是多亏了您！我来帮您按摩吧。

我接受你的感谢，但是按摩就算了，我觉得应该会疼。

如果把生物科学与机器人工程学连接起来的话会产生什么样的结果呢？

诺依曼还提出了计算机程序能够自己进行复制、增加的思路。对能够自动复制的机器人进行了想象。

机器人发展的基础，"计算机之父" 诺依曼

虽然我一直听别人说我是天才，发挥着与生俱来的才能，但是我一直都对很多的领域非常感兴趣，而且不停地进行着研究。

我是这样的人！

· 出生日期：1903 年
· 出生国家：匈牙利
· 逝世时间：1957 年
· 业绩：制造出了作为现代计算机的基础并正在使用中的诺依曼型计算机。
· 我的人生：在十多岁的时候就开始发表数学论文，已经是广为熟知的天才数学家了。除了数学之外，我对物理学、经济学等领域也进行了认真的研究，用我的聪明才智来改变世界。

John Von Neumann

（约翰·冯·诺依曼）

什么是诺依曼型计算机？

计算机最开始的时候只能进行一种计算，并且没有内部存储器。如果想进行其他的计算的话，就需要更换配线，所以非常不方便。诺依曼型计算机在记忆装置里用数据的形式把计算程序储存起来，在需要的时候找出并阅读就可以了。这样的程序储存方式，可以更加便利地进行多种计算。

使用了程序内存方式的最早的计算机——电子延迟存储自动计算机。

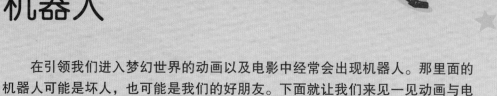

动画电影与电影中的
机器人

在引领我们进入梦幻世界的动画以及电影中经常会出现机器人。那里面的机器人可能是坏人，也可能是我们的好朋友。下面就让我们来见一见动画与电影中的多种多样的机器人吧?

韩国的代表性机器人，跆拳 V

用巨大的操纵机器人击退坏人!

动画与电影中的机器人虽然多种多样，但是从总体来说可以分为四大类。第一类就是机器人的体格很大，由人乘坐进行操纵的机器人。光是想一想巨大的机器人在天空中飞来飞去，击退坏人就让人觉得很兴奋。机器人庞大的双腿一步步走着的时候，地面会发出咚咚的响声。"机器人跆拳 V"、"古兰泰莎"、"魔神 Z"等都属于这种巨大的机器人。这些机器人是只有人进入它们的内部进行操控才会移动的机器人。"跑吧，跑吧，机器人。飞吧，飞吧跆拳 V……"尤其是跆拳 V，可以说是韩国代表性的机器人，是用跆拳道与坏人对抗的充满正义的机器人。它敏捷而又准确的踢腿动作真的非常帅气。

118

自由自在地变身！

还有能够自由自在地变身的机器人。平时的时候像汽车一样，但是当遇到危机的时候或者是在某人需要帮助的情况下就会变成机器人。

动画电影《救援小英雄波力》讲述的是能够变身为机器人的汽车救护队的故事。力气非常大的消防车"罗伊"，聪明的救护车"安宝"，才智满分的警用直升飞机"赫利"以及领导救援队的警车"波力"就是故事的主人公。这些主人公平时就是警车、消防车等模样，当救助处于危险中的人类的时候就会变成机器人。

救援小英雄波力

变形金刚

电影《变形金刚》中有很多保护地球人的机器人。这些机器人在平时是货车或者是汽车等非常平凡的模样，但是在需要的时候就会变成机器人的模样。一辆旧汽车变成一个巨大的机器人的场面真的是非常壮观。

机器人也会自己思考然后行动

如果有像人类一样能够思考之后采取行动的机器人的话会怎么样？应该会像身边的朋友一样吧？1952年日本制作出来的《宇宙少年阿童木》中，阿童木就是能够像人类一样思考，然后采取行动、长着人类的心脏的机器人。他可以像人类一样感觉到快乐与悲伤、高兴与痛苦等。在阿童木的胸部有心脏模样的电子心脏，所以可以像人类一样感觉到多种多样的感情。阿童木可以区分出谁是善良的人，而且精通多个国家的语言，是一个非常聪明的机器人。

宇宙少年阿童木

此外，他的力气也非常大，心脏是拥有10万马力的力量的原子力引擎。

阿童木可以在天上飞来飞去，可以自己思考、移动，是为了人类的和平而与坏人斗争的机器人。

与人类成为一体，进行内心交流

还有能够跟人们交流内心感情的机器人。就是说机器人会按照我们的想法移动，能够与我们产生同样的感觉。可以说是与人类合为一体的机器人。这样的机器人有"灵魂战机 Lazenca"、"新世纪福音战士 EVANGELION"等。人类不需要用手去碰触这些机器人，只需要用精神交流就能让它们移动。人们感觉到的可以直接传达给机器人，有时候机器人感觉到的也可以直接传达给人类。

"灵魂战机 Lazenca"是有着英雄魂魄的机械战士，EVANGELION 是有着皇家骑士灵魂的机器人，它们帮助22世纪的人们开拓新的文明。尤其是 EVANGELION 的外形是以高句丽将军的衣服为依据进行设计的，十分独特。

120

在《新世纪福音战士 EVANGELION》中出现了很多与攻击人类的怪物进行斗争的少年少女。年轻的他们操纵着各自的机器人 EVANGELION 与怪物斗争，拯救人类的命运。主人公并不用手去碰触机器人，仅仅是用精神交流来使 EVANGELION 移动，让人类与机器人的交流充满了独特的魅力。与以前的机器人完全不同的新形态的 EVANGELION 与阿童木动画人物等都是日本动画机器人的代表。

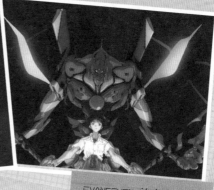

EVANGELION 的主人公们

期待着新的机器人

大家最喜欢什么样的机器人呢？随着机器人技术的发展，动画以及电影中将会不断地出现新的机器人。这些动画以及电影中又会出现什么样的新型机器人让我们震惊呢？让我们一起怀着激动的心等待着吧。

现在你是不是了解了多种机器人的种类与历史，是不是对未来的机器人非常熟悉了呢？你应该也想象过与机器人一起生活的世界了吧？一边回答下面的问题，一边来确认一下自己对于机器人的了解程度吧？

正确的话在后面画 O，错误的话在后面画 X。（1~4）

1. 机器人在希腊神话中曾经出现过，历史非常悠久。□

2. 制造出自动机器鸭的科学家是海伦。□

3. 人工智能是近代机器人工程学的基础。□

4. 在《罗萨姆的万能机器人公司》中首次使用了机器人这一个说法。□

阅读下面的问题之后选择合适的答案。（5~6）

5. 下面关于机器人的三大法则的说法正确的是 （　　）

　① 是卡雷尔·恰佩克首次提出的。

　② 是一边亲自制造机器人一边想出来的原则。

　③ 机器人在保护人类之前可以先保护自己。

　④ 实际上还有另外被确定的在制作机器人的时候适用的机器人原则。

　⑤ 第一原则是不管在什么样的情况下机器人都不能危害人类。

6. 下面关于各种机器人的说法中不正确的是？ （　　）

　① 有能够治疗人的内心的机器人。

　② 韩国最早的类人机器人就是 MAHRU。

　③ Genibo、Aibo 是个人用宠物机器人。

　④ 美食者（Gestronme）机器人能够像人类一样把吃掉的食物分解，然后制造出能量。

　⑤ 双足步行机器人指的是与人类的外貌相似，用两只脚行走的机器人。

在□里写出正确的答案。（7~10）

7. 所谓的□□□□□指的是外表以及机能都与人类相似的人造人，是一种智能生命体。

8. 世界上最早的成功上下阶梯的日本机器人是□□□。

9. □□□□□是我们的肉眼看不见的非常小的机器人，可以进入我们的身体为我们治病。

10. □□□□□包含了比人还要聪明的机器人的意思。

我的科学王等级是哪一级？

0~3分 Level 1 | 是真正的分数吗？看来是随意地把书读了一遍而已。那么请带着兴趣再读一遍。虽然一眼看上去可能会觉得很难，但是如果仔细读一读的话就会发现其实很简单。

4~6分 Level 2 | 是不是只读了自己感兴趣的部分啊？机器人的种类、历史、未来的机器人等所有的内容都非常重要。请仔仔细细地读一读与机器人相关的所有的内容。

7~9分 Level 3 | 看来已经了解了很多关于机器人的内容了。但是如果想要成为机器人博士的话，还是有一些不足。重新确认一下出错的部分，然后再仔细地阅读一遍的话，应该会全部回答正确的。

10分 Level 4 | 哇，完全具有了成为机器人博士的资格了。以后更加关注机器人，预测一下在未来可能会出现什么样的机器人吧。

正确答案：1.○ 2.× 3.○ 4.○ 5.⑤ 6.② 7.安卓机器人 8.阿童木 9.纳米机器人 10.智能机器人

123

主要用语解释

🔍 机器人

靠自动能力及控制能力实现各种功能的机器。虽然对机器人的定义多种多样，而且会随着时代的变化发生改变，但是共同点是机器人是一种自动装置，可以自动移动或者是帮人类做事，给人类提供帮助的一种机器。20世纪60年代最早的工业用机器人Unimtate在汽车生产工厂里诞生之后，家用、医用、军用、探测用等多种多样的机器人被开发了出来，并且不断地发展着。

🔍 机器人工程学

指的是对机器人制作、设计、应用有关的工程技术进行研究的综合性的学问，也被称为机器人技术（robotics）。把通过计算机进行的信息处理与实际的机械移动结合起来进行研究。机器人工程学涉及了让机器人拥有人类感觉的传感器工程学，为会思考的机器人准备的人工智能、控制技术、生物工程学等综合知识。

🔍 人马机器人（Centaur）

是由NASA约翰逊航天中心机器人系统技术部门，与美国国防高新技术研究计划局合作设计的半人形机器人。人马机器人的头部是人的头部，身体是马的身体，机动底座能以6km/h的速度行驶。

🔍 阿西莫（Asimo）

是日本在2000年的时候开发出来的类人机器人。身高为110cm，体重50kg，可以听懂大约30个命令信号，可以根据信号做出反应，而且还可以辨识人的脸部以及声音。利用对下一个阶段的移动提前进行预测，然后控制步伐的技术，它不仅在平地上正常行走，而且在阶梯或者是倾斜面上也能自由自在地行走。由于关节可以移动的范围为34°，所以它可以做出多种多样的动作。

🔍 安卓（android）

指的是与人类有着完全相似的外貌，做一些与人类的行为相似的行为的机器人。由于有着非常优秀的电子脑，所以它说的话或者是做出的行动几乎很难与人类区分开来，由于还具有人造皮肤，所以它从外表上看来几乎与人类一模一样，是一种非常发达的机器人。所谓的android指的是"与人类相似"的意思，来自于希腊语，通常用来指的是科幻小说中登场的人造人等。

🔍 人工智能

是计算机科学的一个分支，企图了解智能的实质，并产生一种新的能与人类智慧相似的做出反应的智能机器。依靠人类的智能能够做到学习、思考、推理、知觉、适应、论证等功能让计算机来完成，人工智能就属于对这样的方法进行研究的计算机工程学以及信息技术的一个领域。1956年，约翰·麦卡锡第一次使用了人工智能这种说法。人工智能被广泛用在专家系统、医疗诊断系统、设计领域、自然语言的理解、声音翻译、机器人工程学、认知科学等各种领域中。尤其是在机器人领域中，发展成为了对机器人的视觉以及行动的研究。

自动娃娃

设置机械装置使其自动移动的娃娃。从很久以前开始人们就想制造能够自动移动的娃娃。在公元前以及希腊、罗马时期被用做宗教仪式的工具或者是用来打开建筑物的门，那之后人们又制作出了能够演奏乐器以及会写字的自动娃娃。这些自动娃娃被当做娱乐玩具或者是装饰用物品，或者是用来震慑别人，又或者是与神联系起来向人们展示统治者的权威。进入20世纪之后，随着科学技术的发展，自动娃娃变得更加多样、更加精巧。这些自动娃娃可以演奏乐器或者是搬运东西，重现人类所做的行为，渐渐地发展成为了今天的机器人。

智能型机器人（智能机器人）

指的是人工智能与高度发达的传感器扮演大脑的角色的一种机器人。一般情况下，通过视觉、触觉、听觉等来认识外部的环境并做出判断，然后采取相应的行动。

类人机器人

指的是有着与人类的外形相似的样貌的机器人，也被称为人形机器人。有着与人类相似的头、身躯、胳膊、腿等，是最擅长模仿人类行动的机器人。用两只脚行走的最早的类人机器人是日本在1973年的时候开发出来的Wabot 1。类人机器人以模仿人类的智能、行动、感觉、相互作用等从而代替人做一些事情或者是为人类提供多种多样的服务为目的，现在依然在不停地开发过程中。

Hubo

是韩国最早的用两只脚行走的人形机器人，是韩国代表性的类人机器人。2004年12月份，由韩国技术院的吴俊镐教授小组开发出来的。身高120cm，体重55kg，最高时速为1.25km（1分钟走65步）。可以对外部的声音以及事物进行认知，从而避开障碍物行走。五个手指都是独立的，而且非常灵活自如，可以跟人类玩"石头剪刀布"的游戏，甚至可以跳一些简单的舞蹈，做一些非常柔和的动作。是Humanoid与Robot的合成词。

图书在版编目（CIP）数据

钢铁变形记 / 韩国科学知识发展所著；千太阳译. --
南京：江苏科学技术出版社，2013.8（2014.1重印）
（小学生第一套学习漫画百科：原来如此；2）
ISBN 978 - 7 - 5537 - 1094 - 5

Ⅰ.①钢… Ⅱ.①韩… ②千… Ⅲ.①机器人 — 少儿
读物 Ⅳ.①P242-49

中国版本图书馆CIP数据核字（2013）第083436号

钢铁变形记

出 版 人	金国华
选题策划	左晓红　刘宗源
选题统筹	刘宗源　唐 仪
责任编辑	陈 涛　唐 仪　吕光美（见习）
责任校对	郝慧华
责任监制	刘 钧　方 晨

出版发行	凤凰出版传媒股份有限公司
	江苏科学技术出版社
出版社地址	南京市湖南路1号A楼，邮编：210009
出版社网址	http://www.pspress.cn
经　　销	凤凰出版传媒股份有限公司
照　　排	江苏凤凰制版有限公司
印　　刷	南京新世纪联盟印务有限公司

开　　本	718mm×1000mm　1/16
印　　张	8
字　　数	40 000
版　　次	2013年8月第1版
印　　次	2014年1月第2次印刷

标 准 书 号	ISBN 978 - 7 - 5537 - 1094 - 5
定　　价	19.80元

图书如有印装质量问题，可随时向我社出版科调换。